排毒水

郑颖 ◎ 主编

U0340402

CTS K 湖南科学技术出版社

图书在版编目（CIP）数据

排毒水 / 郑颖主编. -- 长沙 ： 湖南科学技术出版社，2017.4
ISBN 978-7-5357-9113-9

Ⅰ．①排… Ⅱ．①郑… Ⅲ．①果汁饮料－制作②蔬菜－饮料－制作
Ⅳ．①TS275.5

中国版本图书馆CIP数据核字(2016)第254983号

PAIDU SHUI

排毒水

主　　编：郑　颖
责任编辑：杨　旻　李　霞
策　　划：深圳市金版文化发展股份有限公司
版式设计：深圳市金版文化发展股份有限公司
封面设计：深圳市金版文化发展股份有限公司
摄影摄像：深圳市金版文化发展股份有限公司
出版发行：湖南科学技术出版社
社　　址：长沙市湘雅路 276 号
　　　　　http://www.hnstp.com
湖南科学技术出版社天猫旗舰店网址：
　　　　　http://hnkjcbs.tmall.com
邮购联系：本社直销科 0731-84375808
印　　刷：深圳市雅佳图印刷有限公司
　　　　　（印装质量问题请直接与本厂联系）
厂　　址：深圳市龙岗区坂田大发路 29 号 C 栋 1 楼
邮　　编：518000
版　　次：2017 年 4 月第 1 版第 1 次
开　　本：710mm×1000mm　1/16
印　　张：8
书　　号：ISBN 978-7-5357-9113-9
定　　价：32.80 元
（版权所有·翻印必究）

Preface 序言

　　我们的身体每天因为新陈代谢大约要流失2500毫升的水分，其中大部分要通过饮水来补充。如果饮水不足，将不利于代谢废物的排出，长期下去还会对健康产生不良影响。可是不爱喝白开水怎么办？那就试试色彩缤纷、喝起来也是健康满满的排毒水吧！

　　排毒水是时下年轻人大爱的一款自制健康饮品，做法很简单，却能给你带来大大的惊喜。只要将蔬果洗净后切块放入玻璃瓶，加入凉开水再放进冰箱，经过几个小时的浸泡，蔬果就能慢慢释放出独特的香味和营养。排毒水不仅能提供水分，还能将蔬果中的维生素、多种矿物质和抗氧化成分溶入水中，更利于人体吸收。另外，其口感清凉微甜，绝对是健康零添加的佳饮。

　　为了避免浪费，在喝完排毒水后，还可以挑选其中的水果做成其他美食，比如可挑选较耐泡的菠萝、柠檬、橙子等，将它们做成沙拉、冰沙、蔬果意面或果酱等简单又美味的食物，就能完美利用食材中的营养成分啦！

Contents 目录

Part 3
蔬果排毒水

Part 4

**果干、花草茶
排毒水**

Part 5

**排毒水蔬果
料理**

Part 1

每日排毒水，健康零负担

我们都知道，排毒第一件事就是要给身体补充足够的水分，但如果觉得白开水淡而无味，或想要排毒效果翻倍，不如自己动手做排毒水吧，其不仅色彩缤纷，也非常有营养。

好喝又健康的排毒水

① **每天喝足水，还能补充维生素和矿物质**

我们每天因为新陈代谢大约要流失 2500 毫升的水分，其中大部分要通过饮水来补充。如果饮水不足，将不利于废物的排出，长此以往，还会对健康产生不良影响。排毒水不仅能提供水分，还能将蔬果里的维生素、多种矿物质和抗氧化成分溶入水中，更利于人体吸收。

② **毒素排干净，肠道更健康**

胃肠道的健康会直接影响身体各个系统的健康。人体肠道内寄生着无数个细菌，健康的肠道菌群能合成多种人体生长发育必需的维生素和氨基酸，并参与糖类和蛋白质的代谢，还能促进矿物元素的吸收。排毒水中蔬果所含的可溶性膳食纤维是肠道有益菌的食物，而充足的维生素和水分能促进胃肠蠕动，排出毒素，从而有利于肠道健康。

③ **排毒水这样喝**

一次大量饮水的话，胃肠道和身体的各处组织细胞还来不及吸收，水分就会通过尿液排出，所以可以多次饮水，每次喝 150~200 毫升是最好的喝水方法。将做好的排毒水放在冰箱里，随饮随取。外出时还可以把排毒水装在保温杯中，还能保证半天的清凉感和新鲜度。

④ **对身体无负担的排毒水**

通常我们将水果生吃或榨成果汁，并认为"多吃水果、少吃饭"是健康的。其实 200 克水果的能量大约相当于 25 克大米的总能量，尤其是西瓜、火龙果、甜瓜和菠萝，因为味道甜，让人常常不知不觉就吃了很多，这样容易导致血糖迅速上升，不利于健康。而喝果汁通常会损失一些膳食纤维，血糖反应会高于吃完整水果的。用蔬果做成排毒水来饮用，相当于将适量的水果稀释后分多次摄入，从而避免了以上的问题。

排毒水的制作要点

① 选择容器

    优质的玻璃制品是盛放排毒水的最佳容器，因为玻璃制品耐冷、耐热、不易变形损坏，易于消毒，而且具有良好的阻隔空气的能力。

② 食材挑选

    为了防止农药污染，挑选蔬果应谨慎，尽量避免购买经过打蜡处理、染色或储存时间很长的水果。需要用到果皮的食材要仔细清洗，果蒂周围或凹陷处不易洗净的部位应切去不用。

③ 注意消毒与卫生

    排毒水虽然是放入冰箱低温保存，但从制作到饮用完可能需要好几个小时，如果操作时不注意卫生，就可能滋生细菌，所以盛放排毒水的容器和刀具、砧板需要充分消毒。玻璃罐或瓶子、水杯可以通过煮沸来消毒。瓶盖、刀具和砧板可以用沸水烫 1 分钟后晾干。切蔬果的砧板，一定要与切生肉的砧板区分使用。

④ 制作用水

    制作排毒水最好用煮沸放凉的自来水浸泡，纯净水也可以。矿泉水往往有特殊的味道，而且其矿物质含量高，水质较硬，不利于蔬果中营养成分的溶出。

排毒水常用食材推荐

草莓

草莓含维生素 C、维生素 E、钾、叶酸等。蒂头叶片鲜绿、全果鲜红均匀、有细小绒毛、表面光亮、无损伤腐烂的草莓才是好草莓。

橙子

橙子含多种维生素和橙皮苷、柠檬酸等植物化合物，能和胃降逆、止呕。个头大的橙子皮一般会比较厚，捏着手感有弹性、略硬的橙子水分足、皮薄。

柠檬

柠檬富含维生素 C，能化痰止咳、生津健胃。柠檬皮中有丰富的挥发油和多种酸类，泡排毒水时要尽量保留。

香蕉

香蕉含有丰富的钾、镁，有清热、通便、解酒、降血压等作用。

菠萝

菠萝富含膳食纤维、类胡萝卜素、有机酸等，有清暑解渴、消食止泻的作用。吃多了肉类及油腻食物后吃些菠萝，能帮助消化，减轻油腻感。

苹果

苹果具有润肺、健胃消食、生津止渴、止泻、醒酒等功能。应尽量避免购买进口苹果，因为水果经过打蜡和长期储运，营养价值会显著降低。

雪梨

雪梨能止咳化痰、清热降火、养血生津、润肺去燥、镇静安神。选购时以果粒完整、无虫害、无压伤，手感坚实、水分足的为佳。

西柚

西柚富含维生素C、维生素P和叶酸等，糖分较低。选购时以重量相当，果皮有光泽且薄、柔软的为好。

枇杷

枇杷能生津止渴、清肺止咳、和胃除逆，尤其适合肺热久咳、咽干口渴的人食用。选购时要选择颜色金黄、颗粒完整、果面有茸毛和果粉的果实。

蓝莓

蓝莓富含维生素C、果胶、花青素。能抗衰老、强化视力、减轻眼疲劳。

葡萄

葡萄含丰富的有机酸和多酚类，有助消化、抗氧化、促进代谢等多种作用。不同品种的葡萄味道和颜色各不相同，但都以颗粒大且密的为佳。

芒果

芒果富含维生素和矿物质，胡萝卜素含量也很高。大芒果虽然果肉多，但往往不如小芒果甜。

猕猴桃

猕猴桃有养颜、提高免疫力、抗衰老、抗肿消炎的功能。未成熟的猕猴桃可以和苹果放在一起，有催熟作用。

胡萝卜

胡萝卜能健脾和胃、补肝明目、清热解毒。要选根粗大、心细小，质地脆嫩、外形完整，且表面有光泽、感觉沉重的为佳。

白萝卜

白萝卜能增强食欲、化痰清热、帮助消化，对食积腹胀、咳痰失声、痢疾、排尿不利等有食疗作用。挑选时以个体大小均匀、表面光滑的白萝卜为优。

桑葚

常吃桑葚可缓解眼睛的疲劳、干涩感，营养肌肤、使皮肤白嫩，延缓衰老。桑葚娇嫩不易储存，要选紫红色或紫黑色的，且没有汁液流出的新鲜果实。

火龙果

火龙果所含维生素、膳食纤维和多糖类成分较多，有润肠通便、抗氧化、抗自由基、抗衰老的作用。火龙果的皮也含有丰富的活性成分，可以用小刀削去外层，保留内层和果肉食用。

黄瓜

黄瓜具有除湿、利尿、降脂、镇痛、促消化的功效。选购黄瓜以外表新鲜，果皮有刺状凸起的为佳。

生姜

生姜有发汗解表、温中止呕、温肺止咳、解毒的功效，对外感风寒、胃寒呕吐、风寒咳嗽、腹痛腹泻等病症有食疗作用。

西红柿

西红柿富含多种维生素和番茄红素等，有利尿、健胃消食、清热生津的效果。挑选西红柿以个大、饱满、色红、紧实且无外伤的为佳，放入冷藏可保存5~7天。

西芹

西芹能凉血止血、降血脂、促进胃肠蠕动。选购时要选色泽鲜绿、叶柄厚的。

薄荷

薄荷能发汗、解热，能缓解感冒引起的头疼、发热、咽喉肿痛等症状。平常以薄荷水代茶，能清心明目。

迷迭香

迷迭香是做料理时经常使用的香料，其清甜中带着松木香，有较强的收敛作用，可调理油腻的肌肤，促进血液循环，刺激毛发再生，还有改善脱发的作用。

马蹄

马蹄能清热解毒、凉血生津、利尿通便、化湿祛痰、消食除胀。选购马蹄时应选择个体大的，外皮呈深紫色而且芽短粗的。

水果、蔬菜的基本切法

● 柠檬等柑橘类水果的切法

切薄片，这样能让维生素和香味较快地溶出。

切大块，配合其他硬质的、浸泡时间较长的材料，可以加水浸泡多次。

● 草莓的切法

去蒂、切薄片，配合其他切片的材料，保持营养溶出速度一致。

切成四块，配合其他浸泡时间较长的材料，可以加水浸泡多次。

● 黄瓜及胡萝卜等蔬菜的切法

切圆形片，配合其他切片的材料，保持营养溶出速度一致。

用削皮刀削成长条形片，配合其他长条形材料的浸泡时间，口感更佳。

用削皮刀削取黄瓜皮，顺着纹路即可，操作便利。

● 芒果的切法

以果核为中心，在果核右边切一刀，芒果被分为两部分。

取芒果的左右两边果肉，在果肉上划格子，但是注意不要切到皮，把划好格子的芒果拿在手上，手指抵住芒果皮往上顶，这样芒果就被翻成一朵花的样子。

● 苹果及梨等有核水果的切法

苹果或梨对半切开，分成四部分，每个小部分，用直立刀切法去核，再切成小片。

● 椰肉的取法

使用模具沿着椰子壳壁，顺着刮下来椰肉。

● 带皮火龙果的切法

火龙果先对半切开，取一半去掉最外层粗皮部分，再对半切开，切成片即可。

Part 2

水果排毒水

用各种新鲜水果做排毒水，能保留水果中相当一部分营养成分，例如维生素、矿物质、糖分和膳食纤维中的果胶等，且比普通白开水味道好，比高糖分的果汁和碳酸饮料更健康。本章提供了丰富的水果搭配方法，并给出较为合理的水果切法，使多种水果的营养溶出时间相搭配，让你的排毒水味道好又营养。

椰子蓝莓水

清甜、滋润、抗氧化

蓝莓富含花青素，能清除体内有害的自由基，还能缓解视力疲劳。搭配味道清甜，并能解暑、生津的椰子，其口味和排毒功能都更进一步。

健康加分 100%

延缓衰老、调节免疫力、清暑热、生津止渴

材料准备 | **蓝莓 + 椰水 + 椰肉**

① 蓝莓 8 颗，对半切开

② 椰子 1/2 个，取椰水

③ 用小勺轻轻刮下椰壳内层的椰肉

制作方法 | 1. 将椰肉、蓝莓、椰水依次放入瓶子中，加入适量凉开水。

2. 盖上瓶盖，放入冰箱冷藏 6 个小时左右即可饮用。

莓果肉桂水

香味独特、清爽宜人，增强皮肤弹性

草莓和蓝莓都含丰富的维生素 C，口味酸甜，还有润肺生津、健脾和胃、利尿消肿等保健作用。

健康加分 100%

抗自由基、紧致肌肤、调节免疫力、消除疲劳

材料准备 | **草莓 + 蓝莓 + 肉桂**

① 草莓 3 个，切成 4 份

② 蓝莓 15 个，对半切开

③ 肉桂棒 1 根，洗干净后，
用开水烫 2 分钟

制作方法 | 1. 将草莓、蓝莓、肉桂棒依次放入瓶子中，加入适量凉开水。

2. 盖上瓶盖，放入冰箱冷藏 6 个小时左右即可饮用。

Tips：如果不希望肉桂的辛香味太浓，可以提前取出肉桂棒，继续冷藏。

鲜橙柠檬草莓水

让满满的维生素，帮你提亮肌肤，留住美好容颜

橙子富含维生素 C，配合柠檬的酸味，口感酸甜，具有开胃消食的作用，同时可改善头发毛躁干涩的情况。

健康加分 100%

美白、滋润皮肤、消除黑眼圈、预防感冒、抗疲劳

材料准备 | 草莓 + 橙子 + 柠檬

① 草莓 2 个，切薄片

② 橙子 2 片，去皮，再将果肉切成小块

③ 柠檬 2 片，去皮

制作方法 | 1. 将草莓、橙子、柠檬片依次放入瓶子中，加入适量凉开水。
2. 盖上瓶盖，放入冰箱冷藏 6 个小时左右即可饮用。

什锦杂果水

坚持一星期，镜子里将是截然不同的你

薄荷香气可缓解焦躁情绪、增进食欲、改善消化功能，加上菠萝的甜香，具有让人难忘的味道。

健康加分 100%

淡化色斑、紧致毛孔、滋润皮肤、预防皱纹产生

材料准备 | 芒果 + 菠萝 + 草莓 + 苹果 + 薄荷

① 芒果 1/2 个，去皮，将
果肉切成小块

④ 苹果 1/2 个，带皮切成小块

② 菠萝 1 片，约 2 厘
米厚，切成小块

⑤ 薄荷叶 2 片，用手轻轻揉
搓，促使香味散发

③ 草莓 2 个，分别切成 4 份

制作方法 | 1. 将草莓、芒果、菠萝、苹果、薄荷叶依次放入瓶子中，加入适量凉开水。
2. 盖上瓶盖，放入冰箱冷藏 6 个小时左右即可饮用。

菠萝柠檬甜橙水

天然美白，美丽零负担

柠檬有丰富的维生素C及柠檬酸，能够促进新陈代谢，有助于晒黑的肌肤进行再生，还能改善疲劳、肩膀酸痛以及女性常见的疾病。

— 健康加分 100% —

美白、预防皱纹产生、消除黑眼圈、缓解痤疮

材料准备 | **菠萝+柠檬+橙子**

① 菠萝1片，约2厘米厚，
切成小块

② 柠檬3片，保留柠檬皮

③ 橙子2片，去皮，再将果
肉切成小块

制作方法 | 1. 将菠萝、橙子和柠檬依次放入瓶子中，加入适量凉开水。
2. 盖上瓶盖，放入冰箱冷藏6个小时左右即可饮用。

青柠草莓水

延缓衰老，让皮肤焕发光彩、恢复弹性

草莓中的叶酸有造血作用，是细胞再生时所必需的水溶性维生素，建议女性多食用。柠檬富含的维生素 C 能帮助铁质吸收。

健康加分 100%

滋润皮肤、紧致毛孔、美白、淡化色斑、预防便秘

材料准备　| **草莓 + 青柠**

① 草莓 2 个，分别切成
　4 等份

② 青柠 2 个，切片

制作方法　| 1. 将草莓和青柠放入瓶子中，加入适量凉开水。

2. 盖上瓶盖，放入冰箱冷藏 6 个小时左右即可饮用。

西柚柠檬薄荷水

甩掉脂肪，身体轻轻松松

西柚、柠檬和青柠中含有丰富的有机酸和维生素，对促进肌肤新陈代谢、延缓衰老及抑制色素沉着很有帮助。

健康加分 100%

促进脂肪代谢、调理肠道、消除水肿、缓解疲劳

材料准备 │ **西柚 + 柠檬 + 青柠 + 薄荷**

① 西柚 2 片，去皮

② 柠檬 2 片，保留柠檬皮

③ 青柠 1 个，切薄片

④ 薄荷嫩叶 2 枝，用手轻轻揉搓，促使香味散发

制作方法 │ 1. 将西柚、柠檬、青柠和薄荷叶依次放入瓶子中，加入适量凉开水。

2. 盖上瓶盖，放入冰箱冷藏 3~4 个小时即可饮用，饮完续满水，再浸泡 2 个小时以上饮用。

苹果香蕉柠檬水

消除水肿，再不怕"水泡眼""满月脸"

香蕉中丰富的钾可以促进身体排出钠，显著减轻身体的水肿。苹果中的果胶能够促进肠蠕动，减少食物在肠道的停留时间，从而改善便秘情况。

健康加分 100%

促进脂肪代谢、调理肠道、预防便秘、消除水肿

材料准备 | **香蕉 + 苹果 + 柠檬**

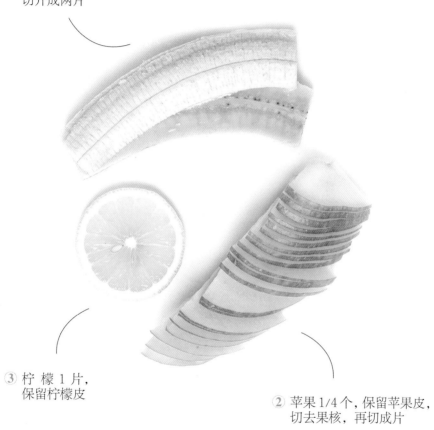

① 香蕉1根，去皮，竖直
切开成两片

③ 柠 檬 1 片,
保留柠檬皮

② 苹果 1/4 个，保留苹果皮,
切去果核，再切成片

制作方法 | 1.将香蕉、苹果和柠檬依次放入瓶子中，加入适量凉开水。
2.盖上瓶盖，放入冰箱冷藏 6 个小时左右即可饮用。

香蕉提子火龙果水

提高代谢、消水肿，让身体更轻盈

火龙果具有美白皮肤的作用，还有助于毒素的排出；提子中的多酚能防止细胞功能下降、提升肌肤抗老化作用，减少皱纹产生。

健康加分 100%

滋润皮肤、消水肿、改善免疫力、润肠通便、瘦身、改善食欲

材料准备 | **香蕉＋绿提子＋火龙果**

① 火龙果 1/4 个，切去果皮的外层，保留内层，再切片

② 绿提子 1 小串，摘下果粒洗净，对半切开

③ 香蕉 1 根，斜刀切成约 5 毫米厚的片

制作方法 | 1. 将提子、火龙果和香蕉依次放入瓶子中，加入适量凉开水。

2. 盖上瓶盖，放入冰箱冷藏 6 个小时左右即可饮用。

菠萝薄荷水

减少脂肪堆积，肠胃没负担

菠萝中的膳食纤维等能吸收水分，促进肠道蠕动，减少脂肪的吸收并促进代谢废物的排出。菠萝中特有的蛋白酶还可治疗腹泻。

健康加分 100%

促进脂肪代谢和肠胃蠕动、缓解胀气、解暑、缓解宿醉

材料准备 | **菠萝 + 薄荷**

① 菠萝 2 片，约 2 厘米厚，
将菠萝切成小块

② 薄荷嫩叶 3 枝，用手轻轻
揉搓，促使香味散发

制作方法 | 1. 将菠萝和薄荷叶放入瓶子中，加入适量凉开水。
2. 盖上瓶盖，放入冰箱冷藏 6 个小时左右即可饮用。

葡萄蓝莓甜橙水

清除引起老化的自由基和代谢废物

葡萄皮和蓝莓中含有花青素、多酚类等丰富的抗氧化成分，有独特的促进代谢、排除毒素的功能。搭配富含维生素 C 的橙子和清凉的薄荷，味道更清爽。

健康加分 100%

缓解疲劳、调节情绪、抗氧化、改善血液循环、解暑、明目

材料准备 | **葡萄 + 蓝莓 + 橙子 + 薄荷**

② 蓝莓 10 颗，对半切开

① 葡萄 6 颗，对半切开

④ 薄荷嫩叶 2 枝，用手轻
轻揉搓，促使香味散发

③ 橙子 2 片，去皮，
果肉对半切开

制作方法 | 1. 将蓝莓、葡萄、橙子和薄荷叶放入瓶子中，加入适量凉开水。

2. 盖上瓶盖，放入冰箱冷藏 6 个小时左右即可饮用。

甜橙蓝莓迷迭香水

抗氧化、清除自由基，为健康保驾护航

外界环境中的阳光辐射、空气污染等都会使人体产生更多活性氧自由基，这是人类衰老和患病的根源，橙子和蓝莓中的抗氧化物质有助于清除这些健康大敌。

健康加分 100%

缓解疲劳、调节情绪、抗氧化、改善血液循环、刺激毛发生长

材料准备 | **橙子 + 蓝莓 + 迷迭香**

① 橙子 2 片，去皮，再将
　果肉切成块

③ 迷迭香 2 枝，用手轻轻揉
　搓，促使香味散发

② 蓝莓 15 颗，对半切开

制作方法 | 1. 将橙子、蓝莓和迷迭香放入瓶子中，加入适量凉开水。
2. 盖上瓶盖，放入冰箱冷藏 6 个小时左右即可饮用。

百里香鲜果水

助消化，腹胀不再愁

西柚能生津止渴、开胃下气；猕猴桃含有丰富的维生素C，能调节免疫力；百里香中含有大量的单萜等挥发性成分，有较高的营养价值，可改善消化不良、缓解周身疼痛和腹胀。

健康加分 100%

促进消化、调理脾胃、缓解腹胀、增强免疫力、预防感冒

材料准备 | **猕猴桃 + 西柚 + 百里香**

② 西柚 1 片，厚约 1 厘米，
去皮后将果肉切成小块

① 猕猴桃 1 个，削去果皮，
再切成片

③ 百里香 3 枝，用手轻轻揉
搓，促使香味散发

制作方法 | 1. 将猕猴桃、西柚和百里香放入瓶子中，加入适量凉开水。

2. 盖上瓶盖，放入冰箱冷藏 6 个小时左右即可饮用。

青柠蓝莓薄荷水

视疲劳人群最需要的

青柠含有大量维生素C和柠檬酸，可帮助消化，提高机体抵抗力，加速创伤恢复；蓝莓与柠檬含有的类黄酮能防止细胞老化、维持年轻活力。

健康加分 100%

抗氧化、缓解视疲劳、保护视力、预防感冒、降血压

材料准备 │ **蓝莓 + 青柠 + 薄荷**

② 薄荷2枝，用手轻轻揉搓，
　促使香味散发

① 蓝莓15颗，对半切开

③ 青柠2个，对半切开

制作方法 │ 1. 将蓝莓、青柠和薄荷叶放入瓶子中，加入适量凉开水。

2. 盖上瓶盖，放入冰箱冷藏6个小时左右即可饮用。

桑葚草莓水

保护闪亮双眸

常吃桑葚可以明目，缓解眼疲劳，此外，桑葚中除含有大量人体所需的营养物质外，还含有乌发素，能使头发变得黑而亮泽，而草莓对胃肠道和贫血均有一定的调理作用。

健康加分 100%

养肝明目、补血养颜、帮助消化、改善便秘

材料准备 | **桑葚 + 草莓**

① 草莓 3 个，分别切成 4 等份

② 桑葚 1 小把，约 6 个

制作方法 | 1. 将桑葚和切好的草莓放入瓶子中，加入适量凉开水。
2. 盖上瓶盖，放入冰箱冷藏 6 个小时左右即可饮用。

葡萄桑葚水

水果也"补肾"

桑葚和葡萄都能滋补肝肾，尤善滋阴养血、生津润燥，能缓解扰人的肠燥便秘。

健康加分 100%

润肠排毒、调节情绪、缓解痛经、消水肿、解暑

材料准备 | **桑葚 + 葡萄 + 迷迭香**

① 桑葚 1 小把，约 7 个

③ 迷迭香 1 枝，用手轻轻揉搓，促使香味散发

② 葡萄 6 颗，对半切开

制作方法 | 1.将桑葚、葡萄和迷迭香放入瓶子中，加入适量凉开水。

2.盖上瓶盖，放入冰箱冷藏 6 个小时左右即可饮用。

柠檬生姜水

感冒高发季节的常备水

季节交替时节感冒易发，经常喝柠檬生姜水可以补充维生素C，预防感冒、润喉爽咽。

健康加分 100%

抗感冒、提高免疫力、缓解胃肠胀气、滋润皮肤、消除黑眼圈

材料准备 | **柠檬 + 橙子 + 生姜**

① 柠檬 1/2 个, 保留柠檬皮,
切圆片

③ 生姜 3 片, 保留姜皮

② 橙子 1/2 个, 去皮, 切成
半圆形片

制作方法 | 1. 将柠檬、橙子和姜片放入瓶子中, 加入适量凉开水。
2. 盖上瓶盖, 放入冰箱冷藏 6 个小时左右, 取出静置恢复到常温即可饮用。

枇杷雪梨杨桃水

润喉又止咳，感冒与秋燥季节必备

枇杷、雪梨和杨桃都能清肺热、止咳、化痰，三者搭配的排毒水特别适合风热感冒、咳嗽、咽喉痛和春秋季节气候干燥、咽干时饮用。

健康加分 100%

清热化痰、润肺止咳

材料准备 | **杨桃 + 雪梨 + 枇杷**

① 杨桃 1 个，洗净切片

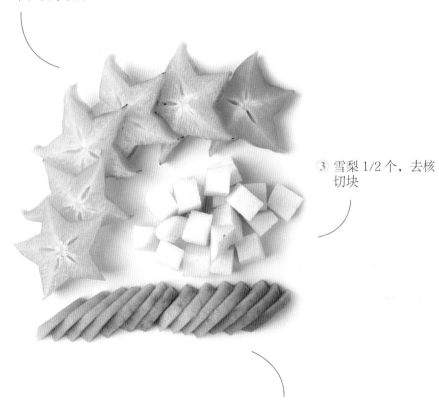

③ 雪梨 1/2 个，去核切块

② 枇杷 3 个，剥去外皮，对半切开，去籽和内皮，再切片

制作方法 | 1. 将杨桃、枇杷和雪梨放入瓶子中，加入适量凉开水。
2. 盖上瓶盖，放入冰箱冷藏 6 个小时左右，取出静置恢复到常温即可饮用。

柠檬草莓薄荷水

酸甜清爽的经典搭配

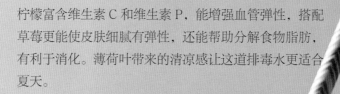

柠檬富含维生素 C 和维生素 P，能增强血管弹性，搭配草莓更能使皮肤细腻有弹性，还能帮助分解食物脂肪，有利于消化。薄荷叶带来的清凉感让这道排毒水更适合夏天。

健康加分 100%

改善肌肤干燥和暗沉、黑眼圈，减缓皱纹再生

材料准备 | **柠檬 + 草莓 + 薄荷**

① 草莓 3 个，去蒂，切成片

② 柠檬 2 片，保留柠檬皮

③ 薄荷叶 1 枝，用手轻轻揉搓，促使香味散发

制作方法 | 1. 将草莓、柠檬和薄荷放入瓶子中，加入适量凉开水。
2. 盖上瓶盖，放入冰箱冷藏 6 个小时左右即可饮用。

西瓜葡萄薄荷水

炎炎夏日给你最清爽的感觉

夏天怎么能不吃西瓜和葡萄？用两种最应季的水果，做一瓶冰凉的解暑、消肿排毒水。

健康加分 100%

消暑、清热利尿、消除水肿、改善食欲、缓解疲劳、舒缓情绪

材料准备 | **西瓜 + 葡萄 + 薄荷叶**

① 西瓜一小块，约200克，去皮取果肉切丁

② 葡萄约一小串，对半切开

③ 薄荷叶1枝，用手轻轻揉搓，促使香味散发

制作方法 | 1. 将葡萄、西瓜和薄荷放入瓶子中，加入适量凉开水。

2. 盖上瓶盖，放入冰箱冷藏6个小时左右即可饮用。

猕猴桃柠檬水

提高机体抵抗力、加速创伤恢复

猕猴桃、柠檬和青柠搭配，能提供丰富的维生素 C、维生素 E 和柑橘类特有的维生素 P，对增强免疫力、减肥、健美、美容有独特的功效。

健康加分 100%

舒缓情绪、缓解疲劳、增强免疫力、助消化、改善食欲

材料准备 | **猕猴桃 + 柠檬 + 青柠**

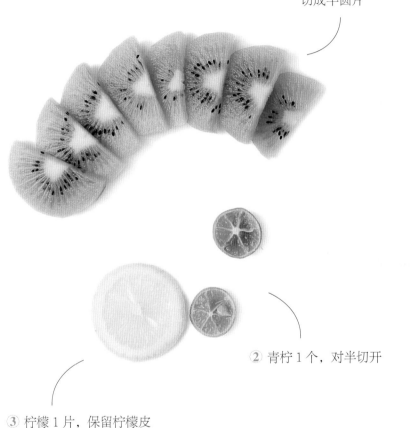

① 猕猴桃 1/2 个，去皮，切成半圆片

② 青柠 1 个，对半切开

③ 柠檬 1 片，保留柠檬皮

制作方法 | 1. 将猕猴桃、青柠和柠檬放入瓶子中，加入适量凉开水。

2. 盖上瓶盖，放入冰箱冷藏 6 个小时左右即可饮用。

西瓜薄荷水

夏季消暑必备

西瓜有很好的清热解暑、生津止渴、利尿除烦功效，搭配薄荷，更有清心明目的效果。

健康加分 100%

滋润皮肤、解暑、消除水肿、利尿、促进代谢

材料准备 │ **西瓜＋柠檬＋薄荷**

① 西瓜一小块，约 200 克，去皮，取果肉，切丁

② 柠檬 1 片，保留柠檬皮

③ 薄荷叶 1 枝，用手轻轻揉搓，促使香味散发

制作方法 │ 1. 将西瓜、柠檬、薄荷叶放入瓶子中，加入适量凉开水。

2. 盖上瓶盖，放入冰箱冷藏 6 个小时左右即可饮用。

柠檬橙皮迷迭香水

放松紧绷的神经

用冷水慢慢浸泡出橙皮、柠檬和迷迭香中的成分，混合成独特的香味，不仅让人放松，还有助于调节胃肠功能、改善食欲。

健康加分 100%

舒缓情绪、缓解疲劳、减轻水肿、抗氧化

材料准备 | **柠檬 + 橙皮 + 迷迭香**

① 洗净的橙子半个，用削皮刀将
表面的黄色橙皮部分削下备用

③ 迷迭香嫩叶 2 枝

② 柠檬 2 片，保留柠檬皮

制作方法 | 1. 将橙皮、柠檬片和迷迭香放入瓶子中，加入适量凉开水。
2. 盖上瓶盖，放入冰箱冷藏 6 个小时左右即可饮用。

柠檬百香果水

酸酸甜甜又清凉的独特味道

百香果富含多种对人体有益的成分，对咽喉炎、牙周炎、痤疮等小毛病有一定调理作用，还是特别有效的醒酒食材。

──── 健康加分 100% ────

调节情绪、提神醒脑、消除疲劳、护肤养颜

材料准备 | **百香果 + 柠檬 + 薄荷**

① 百香果 2 个，切开

② 柠檬 1 片，保留柠檬皮

③ 薄荷叶 1 枝，用手轻轻揉搓，促使香味散发

制作方法 | 1. 将百香果的瓤挖出装入瓶子中，再放入柠檬片、薄荷叶，加入适量凉开水。

2. 盖上瓶盖，放入冰箱冷藏 6 个小时左右即可饮用。

椰子木瓜水

美容护肤必备水

木瓜含有胡萝卜素和丰富的维生素C，有很强的抗氧化能力，能清除自由基、增强人体免疫力。椰水味道清甜，能清凉解渴。

健康加分 100%

清热解毒、助消化、抗氧化、滋润皮肤

① 木瓜 1/4 个，去皮、去籽，
将果肉切片

② 椰子 1/2 个，取椰水

③ 用小勺轻轻刮下椰壳内层
的椰肉

制作方法 | 1. 将椰肉、木瓜、椰水放入瓶子中，加入适量凉开水。

2. 盖上瓶盖，放入冰箱冷藏 6 个小时左右即可饮用。

肉桂苹果水

活血散寒、香味独特的暖胃水

肉桂能暖脾胃、除积冷、通血脉。苹果既能减肥，又可使皮肤润滑柔嫩。

健康加分 100%

祛寒湿、健脾暖胃、消除水肿、缓解疲劳

材料准备 | **苹果 + 肉桂棒**

① 苹果 1/4 个，保留苹果皮，
　去核切成块

② 肉桂棒 1 根，洗干净后，
　用开水烫 2 分钟

制作方法 | 1. 将苹果、肉桂棒放入瓶子中，加入适量凉开水。

2. 盖上瓶盖，放入冰箱冷藏 6 个小时左右，取出恢复到常温即可饮用。

Tips：如果不希望肉桂的辛香味太浓，可以提前取出肉桂棒，继续冷藏。

Part 3

蔬果排毒水

用黄瓜、胡萝卜、紫甘蓝、西红柿等常见又各具独特味道的蔬菜和水果巧妙搭配制作排毒水，能兼顾鲜亮诱人的色彩和清香微甜的口味。与纯水果浸泡的排毒水相比，蔬菜的味道更清淡，也更低糖、健康。需要严格控制热量摄入的人群，如血糖偏高的人可以选择纯蔬菜排毒水或与低糖水果搭配制作的排毒水。

黄瓜胡萝卜苹果甜橙水

净化肠道

结合蔬菜与水果的营养成分，补充多种维生素、矿物质和膳食纤维，补水兼排毒，清理肠道更彻底。

健康加分 100%

清理肠道、消水肿、瘦身纤体、滋润皮肤、清热消暑、缓解疲劳

材料准备 | 黄瓜＋胡萝卜＋橙子＋苹果

① 胡萝卜 1/2 根，去皮切
　成圆片

② 黄瓜 1/2 根，切成圆片

④ 苹果 1/4 个，保留苹果皮，
　去核切成块

③ 橙子 1/2 个，去皮，切成
　半圆形片

制作方法 | 1. 将黄瓜、胡萝卜、橙子、苹果放入瓶子中，加入适量凉开水。
2. 盖上瓶盖，放入冰箱冷藏 6 个小时左右即可饮用。

生姜苹果甜橙水

暖身暖胃又暖心

生姜搭配苹果和甜橙，既能暖身、暖胃，又可以促进血液循环和新陈代谢。

健康加分 100%

润肠排毒、消水肿、缓解胀气、消除黑眼圈、促进血液循环、预防痛经

材料准备 | **生姜 + 苹果 + 橙子**

① 生姜 2 片，保留姜皮

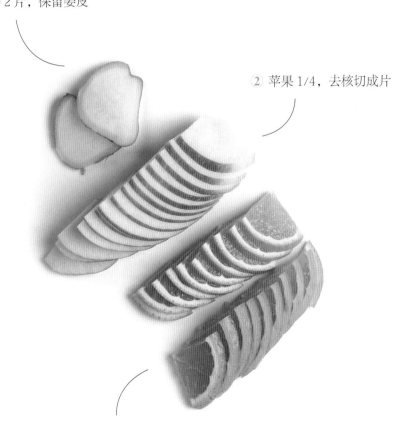

② 苹果 1/4，去核切成片

③ 橙子 1/2 个，保留橙皮，
切片

制作方法 | 1. 将生姜、橙子和苹果放入瓶子中，加入适量凉开水。
2. 盖上瓶盖，放入冰箱冷藏 6 个小时左右，取出后恢复到常温即可饮用。

西芹菠萝甜橙水

口味酸甜、减压排毒

西芹有促进食欲、降血压、清肠利便等作用。圣女果和橙子含丰富的维生素 C 和维生素 P，可促进肠道蠕动，有利于清肠通便，排除体内有害物质。

健康加分 100%

促进代谢、提高免疫力、消除疲劳、改善便秘

材料准备 | **西芹 + 圣女果 + 橙子 + 菠萝**

② 圣女果 2 个，对半切开

① 西芹 1 根，斜切成小段

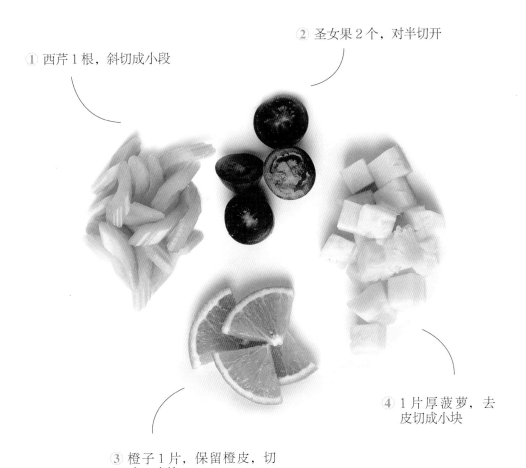

④ 1 片厚菠萝，去皮切成小块

③ 橙子 1 片，保留橙皮，切成 4 小块

制作方法 | 1. 将圣女果、橙子、菠萝和西芹装入瓶子中，加入适量凉开水。
2. 盖上瓶盖，放入冰箱冷藏 6 个小时左右即可饮用。

西红柿草莓迷迭香水

美白肌肤、抗感冒

这三种水果都含有丰富的维生素 C 和果酸，既能美白护肤，又能提高免疫力。

健康加分 100%

淡化色斑、提亮肤色、滋润皮肤、消除疲劳、预防感冒、提高免疫力

材料准备 | 西红柿 + 草莓 + 橙子 + 迷迭香

① 西红柿 1/2 个，切厚片

③ 橙子 1 片，去皮

② 草莓 3 个，对半切开

④ 迷迭香 2 枝

制作方法 | 1. 将西红柿、草莓、橙子和迷迭香装入瓶子中，加入适量凉开水。
2. 盖上瓶盖，放入冰箱冷藏 6 个小时左右即可饮用。

蓝莓胡萝卜凉瓜水

让你轻松保持健美身材

胡萝卜所含的水溶性膳食纤维能帮助排出沉淀已久的毒素，持续饮用可以干爽肌肤、缓和体臭；苦瓜能让皮肤变得白皙，还能镇静和滋润肌肤。

健康加分 100%

预防便秘、清热消暑、养血益气、滋肝明目

材料准备 | **胡萝卜 + 凉瓜 + 蓝莓**

① 胡萝卜 1/2 根，去皮，
再用削皮刀削成薄片

③ 蓝莓 1 小把，对半切开

② 凉瓜 1/3 根，对半切开，
去除瓜瓤，再切片

制作方法 | 1. 将胡萝卜、凉瓜和蓝莓装入瓶子中，加入适量凉开水。
2. 盖上瓶盖，放入冰箱冷藏 6 个小时左右即可饮用。

圣女果紫甘蓝胡萝卜水

一口喝下一身轻

紫甘蓝中的铁元素，能够提高血液中氧气的含量，有助于脂肪的燃烧，有利于减肥；胡萝卜与苹果的水溶性膳食纤维则能预防及改善便秘。

健康加分 100%

生津止渴、健胃消食、清热解毒、改善便秘

材料准备 | **紫甘蓝 + 圣女果 + 胡萝卜 + 苹果**

① 紫甘蓝 2 片，切粗丝

② 圣女果 2 个，对半切开

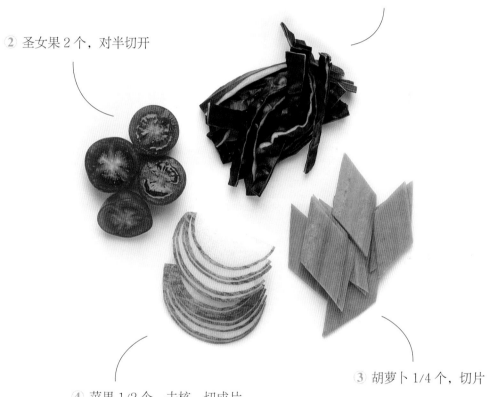

③ 胡萝卜 1/4 个，切片

④ 苹果 1/2 个，去核、切成片

制作方法 | 1. 将紫甘蓝、圣女果、胡萝卜和苹果装入瓶子中，加入适量凉开水。
2. 盖上瓶盖，放入冰箱冷藏 6 个小时左右即可饮用。

薄荷黄瓜甜瓜水

消除水肿、生津解渴

黄瓜中含有大量水分，同时含有丰富的钾，因此有强效利尿作用，对消除水肿很有帮助；甜瓜含有大量的糖类及柠檬酸、胡萝卜素和B族维生素、维生素C等，且水分充沛，可消暑清热、生津解渴等。

健康加分 100%

清热利水、解毒消肿、减肥强体、健脑安神

材料准备 | 黄瓜片 + 甜瓜 + 薄荷

② 甜瓜 1/4 个，去皮和瓜瓤，切成丁

① 黄瓜 1/2 根，用削皮刀削成薄片

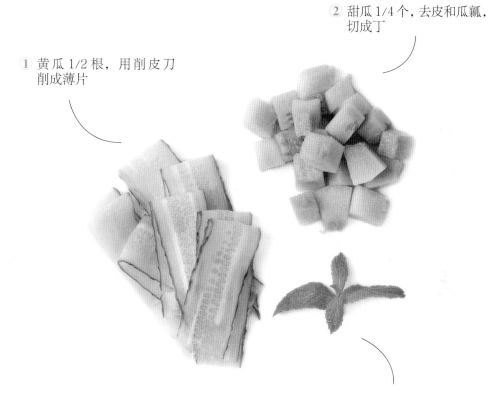

③ 薄荷叶 1 枝，用手轻轻揉搓，促使香味散发

制作方法 | 1. 将黄瓜、甜瓜和薄荷叶装入瓶子中，加入适量凉开水。
2. 盖上瓶盖，放入冰箱冷藏 6 个小时左右即可饮用。

马蹄苹果雪梨水

给自己的身体降降温

马蹄中的粗蛋白、淀粉能促进大肠蠕动，有润肠通便的作用；雪梨能清除体内毒素和多余的水分，促进血液和水分新陈代谢，利尿、消水肿。

健康加分 100%

利尿排毒、生津止渴、清热化痰、养颜护肤

材料准备 | **马蹄 + 雪梨 + 苹果 + 黄瓜**

① 马蹄 4 个，去皮，切成片

② 雪梨 1/2 个，去核切块

③ 苹果 1/2 个，去核切块

④ 黄瓜 1/4 根，用削皮刀削
成薄片

制作方法 | 1. 将马蹄、雪梨、黄瓜和苹果装入瓶子中，加入适量凉开水。
2. 盖上瓶盖，放入冰箱冷藏 6 个小时左右即可饮用。

青柠黄瓜水

夏日补水良方

混合搭配的蔬菜及水果中，维生素 C、水溶性膳食纤维
及钾皆均匀溶出，具有清凉排毒的功效。

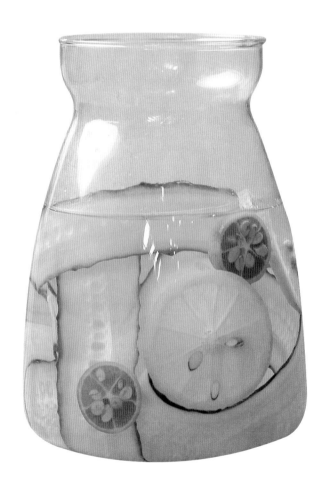

健康加分 100%

祛暑清热、生津止渴、促进微循环、改善记忆力

材料准备 | **黄瓜 + 青柠 + 柠檬**

① 黄瓜 1/2 根，用刮皮刀削成薄片

② 青柠 1/2 个，对半切开

③ 柠檬 2 片，厚度约 2 厘米，保留柠檬皮

制作方法 | 1. 将黄瓜、青柠、柠檬装入瓶子中，加入适量凉开水。
2. 盖上瓶盖，放入冰箱冷藏 6 个小时左右即可饮用。

黄瓜皮柠檬水

帮助健康减肥、瘦身必备

柠檬中含有的柠檬酸可缓解身体疲倦感，黄瓜可以补充体内所需的水分，因此特别推荐给减肥的人。

健康加分 100%

清热解毒、生津止渴、清肠养颜

材料准备 | **黄瓜皮 + 柠檬**

① 黄瓜 1 根，用削皮刀将皮削下备用

② 柠檬 2 片，保留柠檬皮

制作方法 | 1. 将黄瓜皮、柠檬片装入瓶子中，加入适量凉开水。

2. 盖上瓶盖，放入冰箱冷藏 6 个小时左右即可饮用。

白萝卜甘蔗水

润肺止咳，秋季必备佳品

白萝卜含有淀粉酶及各种消化酵素，能分解食物中的淀粉和脂肪，促进食物消化，还可以解毒，搭配甘蔗可缓解津液不足、小便不利、大便秘结、消化不良等症状。

健康加分 100%

解热止渴、生津润燥、化痰清热

材料准备 | **白萝卜 + 甘蔗**

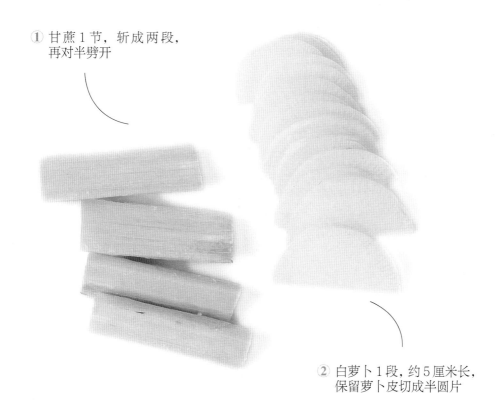

① 甘蔗 1 节，斩成两段，再对半劈开

② 白萝卜 1 段，约 5 厘米长，保留萝卜皮切成半圆片

制作方法 | 1. 将白萝卜、甘蔗装入瓶子中，加入适量凉开水。

2. 盖上瓶盖，放入冰箱冷藏 6 个小时左右即可饮用。

鲜藕甘蔗马蹄水

帮助降火

甘蔗可为机体补充充足的热能，对消除疲劳、中暑等有较好的疗效；鲜藕富含维生素 C 和蛋白质，能促进骨胶原的生成。

健康加分 100%

滋阴降火、清咽利喉、清热解毒、生津止渴、和胃止呕

材料准备 | **马蹄 + 鲜藕 + 甘蔗 + 雪梨**

① 马蹄 2 个，去皮，切成片　　　　② 鲜藕 1/2 节，去皮切块

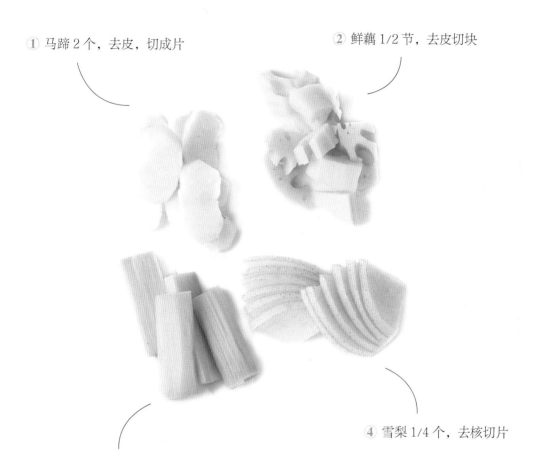

④ 雪梨 1/4 个，去核切片

③ 甘蔗 1 节，斩成两段，再
　对半劈开

制作方法 | 1.将马蹄、鲜藕、甘蔗、雪梨装入瓶子中，加入适量凉开水。
　　　　　　 2.盖上瓶盖，放入冰箱冷藏 6 个小时左右即可饮用。

胡萝卜芒果柠檬水

缓解眼疲劳，明亮双眸

胡萝卜含有大量胡萝卜素，其有补肝明目的作用；芒果的糖类及维生素含量非常丰富，尤其维生素 A 的含量占水果之首位，具有明目的作用。

健康加分 100%

防治便秘、祛痰止咳、美化肌肤、增强抵抗力

材料准备 | **胡萝卜 + 柠檬 + 芒果**

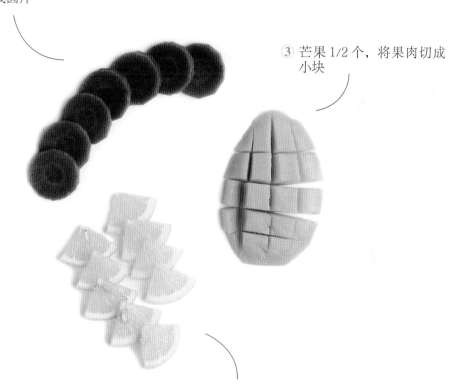

① 胡萝卜 1/3 根，去皮，切成圆片

③ 芒果 1/2 个，将果肉切成小块

② 柠檬半个，切圆片，再切成小块

制作方法 | 1. 将胡萝卜、柠檬和芒果装入瓶子中，加入适量凉开水。

2. 盖上瓶盖，放入冰箱冷藏 6 个小时左右即可饮用。

生姜柠檬薄荷水

身体毒素大扫除，保持活力

柠檬及薄荷中的钾能够促进新陈代谢，且帮助排出多余的水分，另外，这两种蔬果特殊的香味可以帮助缓解生理期的不良情绪。

健康加分 100%

缓解疲劳、调节情绪、改善免疫力、消除水肿、预防痛经

材料准备 | **柠檬 + 生姜 + 薄荷**

② 柠檬半个，切圆片，再切
　成小块

① 生姜2片，保留姜
　皮，再对半切开

③ 薄荷叶2枝，用手轻轻揉
　搓，促使香味散发

制作方法 | 1.将柠檬、姜片和薄荷叶装入瓶子中，加入适量凉开水。
2.盖上瓶盖，放入冰箱冷藏6个小时左右即可饮用。

黄瓜薄荷水

给疲倦的身心补充水分和能量

黄瓜含有丰富的钾，能够消水肿，薄荷的清凉香气具有
放松的作用，可以消除身体的不适感。

健康加分 100%

消除疲劳、生津止渴、开胃消食、缓解皮肤干燥

材料准备 | **黄瓜 + 薄荷**

① 黄瓜半根，切成圆片

② 薄荷叶 2 枝，用手轻轻揉搓，促使香味散发

制作方法 | 1. 将黄瓜和薄荷叶装入瓶子中，加入适量凉开水。
2. 盖上瓶盖，放入冰箱冷藏 6 个小时左右即可饮用。

Part 4

果干、花草茶排毒水

花草茶是用植物的花或叶或果实泡制而成的茶，如用茉莉、玫瑰、菊花、荷叶、甜菊叶、山楂、罗汉果等，泡出来的茶气味馥郁芬芳，味道甘甜爽口。花草茶要选用幼嫩无污染的花蕾、花瓣和嫩叶制作，冲泡时水温不宜过高，高水温长时间浸泡会使花草茶中的多种维生素和芳香物质被破坏，且味道涩，因此冲泡适宜水温以80℃~90℃为宜，等花草茶温度下降到常温后放入冰箱冷藏2个小时左右，能让其中的成分慢慢溶出，减少香味散失。

红枣葡萄干水

女性日常养血、润肤的最佳饮料

红枣虽能养血，但单独泡水味道稍显单调，搭配葡萄干
不仅味道更好，滋补、调理的效果也更好。

健康加分 100%

补血、滋润皮肤、消除疲劳、扩张血管

材料准备 | **红枣 + 葡萄干**

① 红枣 3 枚，切开去核

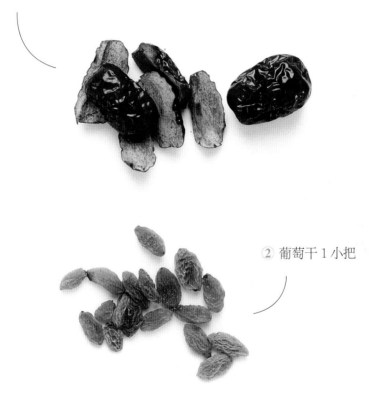

② 葡萄干 1 小把

制作方法 | 1. 将红枣和葡萄干装入瓶子中，加入适量热水。
2. 静置到常温后，盖上瓶盖，放入冰箱冷藏 6 个小时左右即可饮用。

柠檬绿茶薄荷水

美白皮肤与清凉解暑的夏日随身好伴侣

柠檬中的维生素 C 和绿茶中的抗氧化成分，都是对抗
夏季日晒、保护皮肤的好帮手。

健康加分 100%

消暑、抗氧化、美白、促进代谢、降脂瘦身

材料准备 | **绿茶包 + 柠檬 + 薄荷**

① 绿茶包 1 个

② 柠檬 1 片，保留柠檬皮

③ 薄荷叶 1 枝，用手轻轻揉搓，促使香味散发

制作方法 | 1. 将绿茶包装入瓶子中，加入约 80℃的热水至半满，浸泡 3 分钟。

2. 取出茶包，加入凉开水至满，再放入柠檬片和薄荷叶。

3. 盖上瓶盖，放入冰箱冷藏 1~2 个小时即可饮用。

玫瑰洋甘菊薄荷水

改善睡眠、舒缓情绪

洋甘菊可以帮助睡眠，缓解疼痛和皮肤瘙痒感，搭配具有疏肝理气作用的玫瑰，最适合情绪不畅、睡眠质量差的朋友。

健康加分 100%

改善睡眠、缓解疼痛、抗菌消炎、疏肝解郁、促进血液循环

材料准备 | **玫瑰 + 洋甘菊 + 薄荷**

① 干玫瑰花 1 小把

② 洋甘菊 1 小把

③ 薄荷叶 1 枝，用手轻轻揉搓，促使香味散发

制作方法 | 1. 将干玫瑰花、洋甘菊装入瓶子中，加入约 80℃的热水至半满，轻轻搅动后滤去热水。

2. 再加热水至半满，浸泡 3 分钟，加入凉开水至满，放入薄荷叶。

3. 待水温降至常温，盖上瓶盖，放入冰箱冷藏 1~2 个小时即可饮用。

紫罗兰玫瑰茉莉水

清香舒缓，让人心情愉悦

紫罗兰香气温和，能缓解感冒引起的咳嗽、咽喉痛等症状，茉莉花能解郁安神、理气。四种花搭配，香气宜人又能舒缓情绪。

健康加分 100%

清热解毒、美白淡斑、滋润皮肤、清除口腔异味

材料准备 | **紫罗兰 + 茉莉花 + 玫瑰花 + 洋甘菊**

② 茉莉花 1 小把

① 紫罗兰 1 朵

③ 干玫瑰花 1 小把

④ 洋甘菊 1 小把

制作方法 | 1. 将紫罗兰、茉莉花、干玫瑰花、洋甘菊装入瓶子中，加入约 80℃ 的热水至半满，轻轻搅动后滤去热水。

2. 再加热水至半满，浸泡 3 分钟，加入凉开水至满。

3. 待水温降至常温，盖上瓶盖，放入冰箱冷藏 1~2 个小时即可饮用。

迷迭香甜叶菊水

香气浓郁独特，淡淡甜味让人心旷神怡

甜叶菊有低热量、高甜度的甜味成分甜菊糖，搭配迷迭
香泡茶香味独特。

健康加分 100%

镇静安神、减轻头痛、调理胃肠功能、促进代谢、缓解宿醉

① 甜叶菊 1 小把

② 迷迭香 1 枝，用手轻轻揉
搓，促使香味散发

制作方法 │ 1. 将甜叶菊装入瓶子中，加入约 80℃的热水至半满，轻轻搅动后滤去热水。

2. 再加热水至半满，浸泡 3 分钟，加入凉开水至满，放入迷迭香。

3. 待水温降至常温，盖上瓶盖，放入冰箱冷藏 1~2 个小时即可饮用。

玫瑰迷迭香茶

甜甜的玫瑰花香，让你面色红润、肌肤充满活力

玫瑰搭配迷迭香，能提神醒脑、增强记忆力，对缓解宿醉、头昏晕眩及紧张性头痛有帮助。

健康加分 100%

改善睡眠、促进代谢、促进血液循环、舒缓情绪

材料准备 | **玫瑰 + 迷迭香**

① 干玫瑰花 1 小把

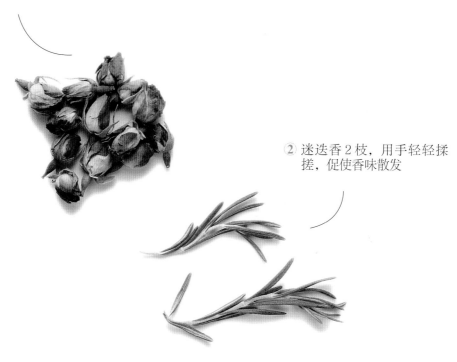

② 迷迭香 2 枝，用手轻轻揉
搓，促使香味散发

制作方法 | 1. 将干玫瑰花装入瓶子中，加入约 80℃的热水至半满，轻轻搅动后滤去热水。

2. 加热水至半满，浸泡 3 分钟，加入凉开水至满，放入迷迭香。

3. 待水温降低至常温，盖上瓶盖，放入冰箱冷藏 1~2 个小时即可饮用。

Part 5

排毒水蔬果料理

蔬果中的一些成分无法溶解于水，如粗纤维和胡萝卜素等脂溶性维生素，为了更完整地利用食材，可以在喝完排毒水后，将剩下的蔬果做成沙拉、冰沙、蔬果意面或果酱等简单又美味的食物。

葡萄蓝莓甜橙酸奶

"葡萄蓝莓甜橙水"材料再利用

与市售酸奶相比，自制酸奶无增稠剂、低糖、更健康，乳糖不耐受人群也可以放心享用，是最天然的保健食品，搭配水果，味道更丰富。

健康加分 100%

促进新陈代谢、滋润皮肤、改善肠道菌群、防治便秘、增强体质

葡萄蓝莓甜橙水（详见 P032）**中的水果 + 自制酸奶**

② 自制酸奶 1 碗

① 葡萄 + 蓝莓 + 橙子

制作方法   1. 将自制酸奶与部分水果混合拌匀。

2. 撒上剩余的水果即可。

Tips：可以按口味加少许蜂蜜、白糖或不加。

西红柿草莓甜橙蛋饼

"西红柿草莓迷迭香水"材料再利用

软嫩的蛋饼加水果丁，再配一杯牛奶，做早餐再适合不过了。

健康加分 100%

滋润皮肤、消除疲劳、预防感冒、提高免疫力

材料准备 西红柿草莓迷迭香水（详见 P072）中的水果 +
低筋面粉 + 鸡蛋 + 白糖 + 盐

① 西红柿 + 草莓 + 橙子

② 低筋面粉 60 克

④ 白糖少许

③ 鸡蛋 2 个

⑤ 盐少许

制作方法
1. 低筋面粉倒入碗中，加白糖、盐、鸡蛋混合，搅拌均匀。
2. 平底锅涂油烧热，关火，将面糊均匀地淋在锅中，铺满整个锅底。
3. 用中小火煎约 2 分钟至饼皮两面都呈金黄色，放入盘中。
4. 将水果切小丁，铺在蛋饼上，卷起即可。

黄瓜甜瓜沙拉

"薄荷黄瓜甜瓜水"材料再利用

浸泡过的黄瓜和甜瓜虽然少了些许甜味，但吸饱了水分
后口感更脆，做沙拉也很好吃哦。

健康加分 100%

降脂减肥、排毒瘦身

材料准备 **薄荷黄瓜甜瓜水**（详见 P078）**中的水果 + 千岛酱**

① 黄瓜和甜瓜

② 千岛酱 1 勺

制作方法　1. 喝光排毒水，将剩下的黄瓜片和甜瓜装入沙拉碗。

2. 按口味加入千岛酱或其他调味酱，拌匀即可。

蔬果意面

"西芹菠萝甜橙水"材料再利用

鲜艳的颜色和酸甜别致的口感，让人心情舒畅、食欲大增，而且超级简单好做，只要 10 分钟就可以搞定哦。

健康加分 100%

改善食欲、促进消化、消水肿、缓解胀气

材料准备 | 西芹菠萝甜橙水（详见 P070）中的蔬果 +
意大利面 + 番茄酱 + 盐

① 西芹 + 菠萝 + 圣女果 + 橙子

② 意大利面

③ 番茄酱 2 勺

⑤ 橄榄油 10 毫升

④ 盐 2 克

制作方法 | 1. 锅中注入较大量的水，放入少许盐，大火烧开，将意大利面煮熟。
2. 将意大利面捞出放入凉开水中过凉，沥干水分拌入少许橄榄油。
3. 平底锅中放少许橄榄油烧热，放入水果块翻炒 1 分钟。
4. 加煮好的意面翻炒，放番茄酱、盐炒匀调味即可。

菠萝冰沙

"菠萝薄荷水" 材料再利用

吃菠萝的季节，怎能错过酸甜可口的菠萝冰沙，赶快行动起来吧！

① 菠萝

② 冰块 1 杯

制作方法

1. 将排毒水喝光后，把剩下的菠萝装入保鲜盒，放冰箱冷冻。
2. 将冻好的菠萝和冰块一同放到搅拌机中，打碎成冰沙即可。